C. G. Conrad

LA TEORIA DELLA RELATIVITÀ SPECIALE e GENERALE

Esposizione Semplificata

La Teoria della Relatività Speciale e Generale: Esposizione Semplificata

ISBN-13: 9781795875325
ISBN-10: 1795875325

1. Science / General
2. Science / Physics

Premessa

In questo libro ripercorreremo, con un approccio semplificato, il percorso logico che portò Albert Einstein a formulare le sue straordinarie teorie relativistiche, che furono non solo estremamente rivoluzionarie nel campo della fisica teorica, ma anche basilari per una corretta comprensione dell'intero universo.

La presente trattazione utilizza parole molto semplici e volutamente l'autore ha "raccontato" i seppur necessari passaggi fisico-matematici utilizzando formule molto facili da comprendere.

Per apprezzare a pieno questo libro è sufficiente la preparazione scolastica corrispondente all'incirca alla terza media inferiore, con l'aggiunta di alcuni concetti di fisica leggermente più complessi, ma che verranno opportunamente spiegati.

Lo scopo di questa trattazione è infatti descrivere gli aspetti fondamentali della Teoria della Relatività Speciale e Generale in modo snello e possibilmente piacevole, senza richiedere al lettore una particolare preparazione scientifica.

Incominciamo dunque con l'affrontare la prima Teoria, denominata Relatività Speciale (o Ristretta), formulata da Albert Einstein nel 1905, per poi passare alla teoria più generale, detta appunto Teoria della Relatività Generale, pubblicata nel 1915.

LA TEORIA DELLA RELATIVITÀ SPECIALE

Ipotesi di base

La Teoria della Relatività Speciale (o Ristretta) ha validità in ben precise condizioni.

L'ipotesi di base è che i sistemi di riferimento che considereremo siano "inerziali": ovvero questa teoria non si applica nei casi in cui è presente una accelerazione di qualsiasi tipo (lineare, centrifuga, etc.).

Le velocità in gioco devono pertanto essere *costanti* (o nulle).

I sistemi di riferimento non inerziali, ovvero dotati di una accelerazione non nulla, verranno presi in considerazione nella successiva teoria relativistica di Einstein: la Teoria della Relatività Generale.

Ma la Teoria della Relatività Speciale, seppur si basi sul comportamento delle entità fisiche nel caso molto particolare di assenza di accelerazione e assenza di campi gravitazionali, arriva a delle conclusioni *straordinarie* riguardo al funzionamento dell'universo, che hanno aperto la mente umana ad una comprensione più profonda della realtà fisica, ma anche ad applicazioni teoriche e pratiche di grande spessore.

Un primo importante tassello

Consideriamo due persone che viaggiano su due astronavi che si allontanano con moto rettilineo uniforme l'una dall'altra:

Astronave A   Astronave B

Sia v la velocità dell'astronave A e w la velocità dell'astronave B.

La persona in A, se non ha alcun altro punto di riferimento oltre al poter vedere l'astronave B, può senza errore pensare di essere ferma e che l'astronave B si stia allontanando ad una certa velocità che, se calcolata, sarebbe pari a $v + w$.

Allo stesso modo la persona in B potrebbe pensare di essere ferma, vedendo l'astronave A allontanarsi ad una velocità pari a $v + w$.

Se aggiungiamo un terzo punto di riferimento (il nostro) che ci consideriamo per ipotesi "fermi" rispetto ad A e a B, tale per cui vediamo l'astronave A allontanarsi verso sinistra a velocità v e l'astronave B verso destra a velocità w, l'affermazione "noi siamo fermi e le astronavi A e B si allontanano entrambe da noi" è anch'essa vera.

Nessun esperimento potrebbe essere condotto dall'astronauta in *A*, o da quello in *B*, per accorgersi di essere in movimento in senso "assoluto".

L'esperimento di Michelson e Morley

Un importante fatto su cui si basa la Teoria della Relatività Speciale è senz'altro l'esito di un esperimento che fu condotto dai fisici Michelson e Morley, nel loro tentativo di misurare la velocità del pianeta Terra nello spazio.

Essi sapevano che la Terra gira attorno al Sole e che il Sistema Solare gira attorno al centro della nostra galassia, la Via Lattea, ma volevano misura la velocità della Terra in senso assoluto, ovvero *rispetto allo spazio*.

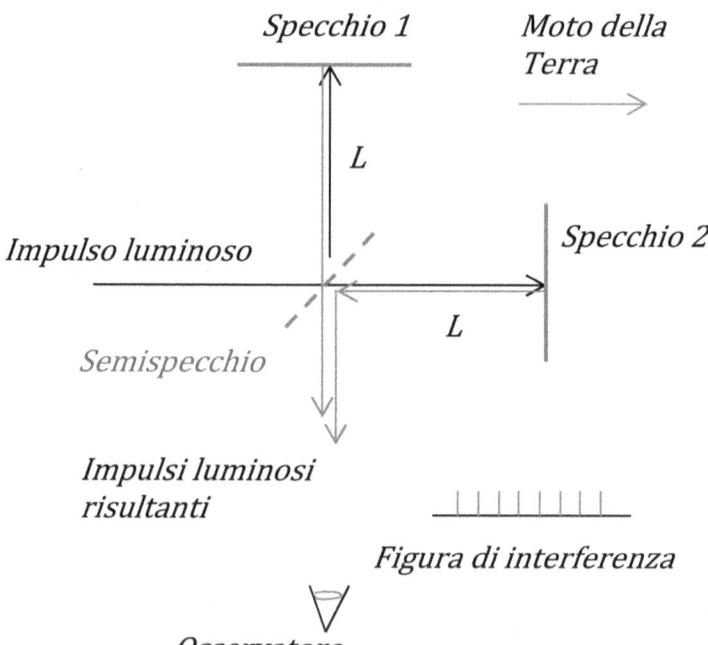

La figura qui sopra sintetizza l'esperimento effettuato dai due scienziati.

Un singolo impulso luminoso viene emesso in direzione di uno specchio solo parzialmente riflettente ("semispecchio" in figura). La luce viene in parte riflessa verso lo *specchio 1*, posto ad una distanza L dal semispecchio, e in parte attraversa il semispecchio stesso, proseguendo verso lo *specchio 2*, anch'esso posto alla medesima distanza L.

Le due risultanti riflessioni (disegnate non sovrapposte ai raggi incidenti solo per chiarezza) arrivano nuovamente al semispecchio e di esse prendiamo in considerazione solo il percorso che in figura va verso l'osservatore.

E come termine di misura prendiamo la *figura di interferenza* risultante dal sommarsi di tali due impulsi luminosi.

Tralasciando i particolari, se la Terra è in moto rispetto allo spazio *in senso assoluto*, allora *ruotando* l'esperimento attorno al suo centro (punto in cui i raggi attraversano o sono riflessi dal semispecchio) si dovrebbero vedere delle diverse figure di interferenza, perché la luce impiegherebbe più o meno tempo per percorrere i due tratti di lunghezza L, a seconda se deve o meno (e in qual misura) andar "contro corrente" rispetto allo spazio che "scorre sotto" la Terra.

Ma con grande sorpresa dei due sperimentatori, non fu misurata alcuna differenza.

Due sole sono le conclusioni dell'esperimento di Michelson e Morley: o la Terra è immobile rispetto allo spazio, oppure la velocità della luce è invariante se misurata in diversi sistemi di riferimento inerziali.

E la prima ipotesi è palesemente errata, dato che sappiamo per certo che la Terra ruota attorno al sole, che il sistema solare ruota attorno al centro della galassia, etc., ovvero che la Terra non è ferma.

Quindi la velocità della luce è indipendente dalla velocità dell'osservatore e dalla velocità della sorgente che emette la luce stessa.

Questo risultato è senz'altro contro-intuitivo, ma è una realtà fisica misurabile e su di essa si basa parte del ragionamento di Einstein che come vedremo portò alla Teoria della Relatività Speciale.

L'esperimento mentale del treno

Ripercorrendo uno degli "esperimenti mentali" di Einstein, consideriamo noi stessi su un treno che viaggia a velocità costante *v* pari a *50 Km/h*.

Lanciamo una pallina nello stesso senso di marcia del treno, ad una velocità *w = 10 Km/h*:

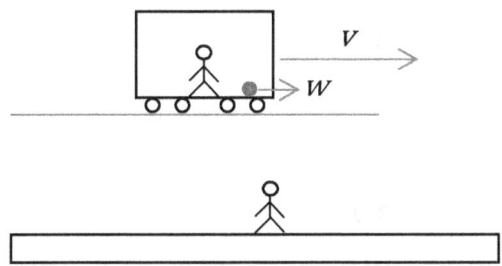

w è cioè la velocità relativa della pallina rispetto a noi che siamo sul treno.

Un osservatore, fermo su una banchina, vede il treno viaggiare a *50 Km/h* e vede quindi la pallina procedere a *60 Km/h* rispetto a lui, poiché:

$$v + w = 50\,Km/h + 10\,Km/h = 60\,Km/h$$

e fin qui tutto normale.

Ripetiamo adesso lo stesso esperimento mentale, sostituendo la pallina con una torcia elettrica che emette un impulso luminoso:

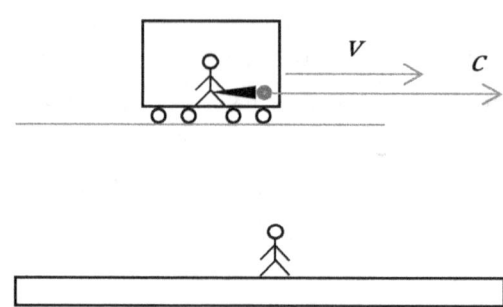

Ci aspetteremmo che un osservatore sulla banchina veda l'impulso luminoso procedere alla velocità:

$$v + c = 50 \ Km/h + 3*10^8 \ m/s^2$$

Ma ciò non accade.

Infatti, grazie all'esperimento di Michelson and Morley, sappiamo che misureremmo una velocità di propagazione dell'impulso luminoso pari a c anche stando fermi rispetto al treno.

Ovvero, sia noi che viaggiamo sul treno a velocità costante, sia un osservatore fermo rispetto a noi, misureremmo tutti la medesima velocità c dell'impulso emesso dalla nostra torcia elettrica.

Questo fatto, senz'altro contro-intuitivo, ha delle conseguenza fisiche molto particolari, come vedremo ora.

La correzione relativistica ed il fattore di Lorentz

Consideriamo ora questa situazione, in cui nuovamente ci sono due sistemi di riferimento, uno "fermo" e l'altro in moto relativo rispetto al primo, a velocità costante.

Sia il primo sistema di riferimento individuato dalle variabili spazio-temporali x e t. Nel secondo sistema siano le corrispondenti variabili di spazio e di tempo rispettivamente x' e t'.

Ovvero:

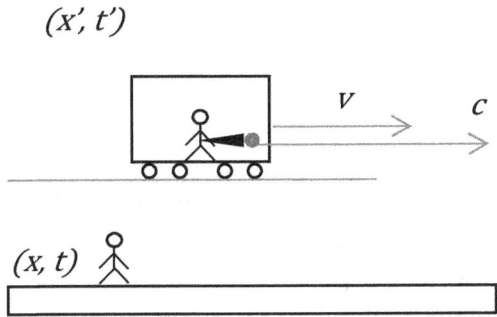

Sul grafico dello spazio-tempo dell'osservatore (misurato in secondi e metri) disegniamo la velocità del treno v e quella della luce c:

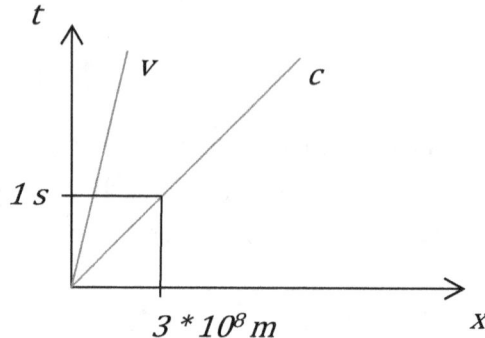

La velocità del treno misurata rispetto ad un osservatore sulla banchina è pari a:

$$v = \frac{x}{t}$$

ovvero è pari allo spazio x percorso dal treno diviso per il tempo t impiegato nello spostamento, come da definizione di velocità.

Equivalentemente:

$$x = v\ t$$

o anche:

$$x - v\ t = 0$$

Consideriamo adesso il sistema di riferimento $(x',$ $t')$, solidale con il treno.

Chi viaggia sul treno non misura alcuno spostamento rispetto al treno stesso. Quindi:

$$x' = 0$$

Uguagliando le due semplicissime formule di sopra si ottiene:

(1) $$x' = x - v\,t$$

Per il momento assumiamo che il tempo misurato nei due sistemi di riferimento sia uguale, ovvero che:

$$t' = t$$

cosa che, come vedremo, non è in realtà corretta.

Ora, se rispetto ai due sistemi di riferimento misuriamo la velocità della luce c, otteniamo:

$$c = \frac{x}{t}$$

ovvero:

$$x = c\;t$$

e, equivalentemente:

$$x' = c\;t'$$

con *c* uguale in entrambi i casi, grazie a quanto sappiamo dall'esperimento di Michelson e Morley.

Sostituendo nella *(1)* otteniamo:

$$c\,t' = c\ t - v\ t$$

Se veramente valesse la condizione $t' = t$, dividendo tutto per *t* otterrei:

$$c = c - v$$

il ché è assurdo, in quanto *v* non è uguale a zero.

Quindi c'è un errore da qualche parte e adesso vogliamo individuarlo e quantificarlo.

Riprendiamo la *(1)*, che possiamo anche scrivere come:

$$x = x' + v\ t$$

e sostituiamo *t* con *t'*, dato che stiamo assumendo $t = t'$. Otteniamo:

(2) $$x = x' + v\,t'$$

La *(1)* e la *(2)* sono interpretabili come le misure dello spazio rispetto ai due sistemi di riferimento.

Ma, come abbiamo visto, qualcosa non quadra e allora introduciamo, con lo scopo di ricavarlo, un termine di errore che definiamo γ ("gamma"):

(1a) $$x' = \gamma \, (x - v \, t)$$

(1b) $$x = \gamma \, (x' + v \, t')$$

Moltiplicando i termini si ha:

$$x'x = \gamma^2 \, (x - v \; t) \, (x' + v \; t')$$

e quindi:

$$x'x = \gamma^2 \, (x \, x' + x \; vt' - x'v \; t - v^2 \; tt')$$

ma dato che $x = c \, t$ e $x' = c \, t'$ si ha:

$$t = \frac{x}{c} \quad _e \quad t' = \frac{x'}{c}$$

pertanto, sostituendo nella formula di sopra si ottiene:

$$x'x = \gamma^2 \, (x'x + \frac{x \; vx'}{c} - \frac{x' \; v \; x}{c} - \frac{v^2 \; xx'}{c \; c})$$

e dividendo tutto per $x'x$:

$$1 = \gamma^2 \, (1 + \frac{v}{c} - \frac{v}{c} - \frac{v^2}{c^2})$$

come si nota, due termini si annullano fra loro e si ottiene:

$$1 = \gamma^2 \left(1 - \frac{v^2}{c^2} \right)$$

Applicando ora la radice quadrata in entrambi i termini si ha:

$$1 = \gamma \sqrt{1 - \frac{v^2}{c^2}}$$

o, equivalentemente:

$$\gamma = \frac{1}{\sqrt{1 - \frac{v^2}{c^2}}}$$

Ovvero, l'errore γ è stato individuato.

γ è chiamato fattore (di trasformazione) di Lorentz.

Sostituendo tale fattore nella *(1a)* otteniamo:

$$x' = \frac{x - v\,t}{\sqrt{1 - \frac{v^2}{c^2}}}$$

(3)

Tale formula rappresenta di fatto la "correzione relativistica" sullo spazio nel caso in cui la velocità v non è trascurabile rispetto alla velocità della luce c.

Da notare che in caso contrario, ovvero se $v \ll c$, il denominatore tende al valore *1* e si ritrova la *(1a)*.

Lo stesso ragionamento è ovviamente applicabile anche alla formula *(1b)*.

Ricapitolando, se parliamo di velocità molto inferiori alla velocità della luce, come quella di un treno, tutto ciò che dobbiamo fare è applicare le formule *senza* correzione relativistica. Oppure, equivalentemente, se applichiamo le formule con la correzione relativistica il termine a denominatore tende a 1.

Se invece le velocità in gioco sono paragonabili alla velocità della luce, allora dobbiamo tener conto della correzione relativistica ed utilizzare il fattore di Lorentz: il termine a denominatore è sostanzialmente minore di 1.

Conseguenze sullo spazio

Riscriviamo la formula che abbiamo ottenuto nel paragrafo precedente e ragioniamo sulle sue conseguente fisiche:

$$x' = \frac{x - v\,t}{\sqrt{1 - \dfrac{v^2}{c^2}}}$$

(3)

Per velocità v paragonabili a quella della luce, il termine a denominatore tende a *0*, poiché è uguale alla radice di un termine che è *1 – circa 1*. Mentre per velocità v molto minori della velocità della luce il denominatore tende a 1, poiché diventa pari a *1 – circa 0*.

Tenendo presente questo, proviamo ad immaginare di misurare un oggetto, ad esempio una barretta, presente sul treno in movimento:

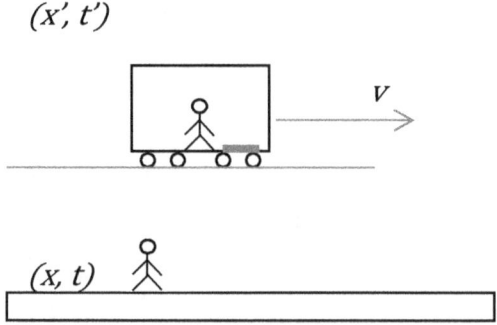

Vogliamo misurare la barretta sia rispetto al sistema di riferimento solidale con il treno *(x', t')*, sia rispetto al sistema di riferimento della banchina *(x, t)*.

Per fare ciò dobbiamo misurare i punti relativi ai due estremi della barretta, per poi ricavarne la lunghezza, senza lasciar passare tempo tra una misura e la successiva, altrimenti sbagliamo la valutazione della lunghezza nel caso di misura fatta dalla banchina, dato che il treno è in movimento.

Quindi dobbiamo misurare simultaneamente i due estremi della barretta. Ovvero *t = 0*.

Imponendo *t = 0*, la formula si semplifica in:

$$x' = \frac{x}{\sqrt{1 - \dfrac{v^2}{c^2}}}$$

che posso anche scrivere:

(4)
$$x = x' \sqrt{1 - \frac{v^2}{c^2}}$$

Ed essendo il termine sotto radice compreso tra *0* e *1,* otteniamo un primo risultato, tanto importante quanto stravagante: un qualsiasi oggetto fisico, posizionato su un mezzo che procede ad una velocità paragonabile a quella della luce, appare *contratto* nella direzione del moto, se la sua lunghezza viene misurata da un sistema di riferimento "fermo" rispetto al mezzo.

Ovvero, tale oggetto appare più corto rispetto alla misura effettuabile stando sul mezzo in movimento.

Conseguenze sullo scorrere del tempo

Ragioniamo ora sul tempo.

Consideriamo la formula, analoga alla *(3)*, che si ottiene sostituendo γ nella *(1b)*:

$$x = \frac{x' + v\,t'}{\sqrt{1 - \dfrac{v^2}{c^2}}}$$

Questa volta non imponiamo $t' = 0$, perché vogliamo proprio vedere cosa capita al tempo che trascorre.

Consideriamo un esperimento nel quale sia coinvolta la luce. Sia x' lo spazio da essa percorso rispetto al sistema di riferimento solidale con il treno, nel tempo t'. Allora vale:

$$c = \frac{x}{t} = \frac{x'}{t'}$$

Ovvero:

$$x' = c\,t', \quad x = c\,t \quad \text{ed anche} \quad t' = \frac{x'}{c}$$

Semplicemente sostituendo questi valori nella formula di inizio paragrafo si ottiene:

$$c\,t = \frac{c\,t' + v\,\dfrac{x'}{c}}{\sqrt{1 - \dfrac{v^2}{c^2}}}$$

Dividendo per c si ottiene la:

$$t = \frac{t' + v\,\dfrac{x'}{c^2}}{\sqrt{1 - \dfrac{v^2}{c^2}}}$$

(5)

Pertanto:

$$t \neq t'$$

t' è il tempo misurato sul treno e t è il tempo misurato sulla banchina.

Se il treno procede a velocità molto inferiori rispetto alla luce, i termini $\dfrac{v}{c^2}$ e $\dfrac{v^2}{c^2}$ tendono entrambi a zero e quindi si ritrova il caso particolare, per noi usuale, di $t = t'$.

Se adesso, per semplicità di trattazione, consideriamo un evento che scandisca il trascorrere del tempo sul treno, che non occupi *spazio* sul treno (ad esempio un orologio di dimensioni infinitesimali, o il solo suo tic-tac), abbiamo per definizione $x' = 0$ nella *(5)*.

Pertanto si ha:

(6)
$$t = \frac{t'}{\sqrt{1 - \dfrac{v^2}{c^2}}}$$

dalla quale è evidente qual è la differenza del trascorrere apparente del tempo tra le due situazioni, banchina e treno in movimento: misurato dalla banchina il tempo t' si dilata (scorre più lentamente) man mano che ci avviciniamo alla velocità della luce.

Questo vuol dire che l'orologio di chi sta viaggiando sul treno viene visto scandire il tempo più lentamente dell'orologio di chi è sulla banchina.

Da notare che se avessimo voluto utilizzare la formula *(3)* del paragrafo precedente e sostituire in essa i valori $x' = ct'$, $x = ct$ e $t = \dfrac{x}{c}$ avremmo ottenuto una formula simile alla *(5)*, ma non avremmo poi potuto imporre la condizione $x = 0$ per ragionare sul solo tempo, in quanto $x = 0$, a differenza di $x' = 0$, vuol dire *treno fermo,* se il tempo scorre.

Ma torniamo alle nostre considerazioni.

Ricapitolando, possiamo ora unire le due conclusioni sul trascorrere del tempo e sulla deformazione dello spazio.

Per visualizzare contemporaneamente i due concetti possiamo pensare ad un orologio con una determinata dimensione, trasportato da un treno molto veloce. Dalla banchina vedremmo tale orologio *contrarsi* nella direzione del moto del treno e il suo scandire il tempo (ad esempio il moto delle sue lancette) *rallentare*.

Per meglio comprendere questo straordinario effetto relativistico, possiamo provare a calcolare la contrazione del diametro di un orologio secondo la *(4)* del paragrafo precedente e il rallentamento del suo scandire il tempo secondo la *(6)*.

Poniamoci ad esempio nella situazione in cui la velocità del treno sia pari a *0.9 c* (90% della velocità della luce) e l'orologio abbia per semplicità di calcolo un diametro di *1 metro* se misurato nel sistema di riferimento solidale con il treno.

Omettiamo i passaggi matematici per sintesi di trattazione, ma si può facilmente arrivare a calcolare che l'orologio, nel sistema di riferimento *(x, t)* appare contratto in misura tale da avere un diametro, nella direzione del moto, pari a circa *0.44 metri* e il tempo da esso scandito è *2.29 volte* più lento, nel senso che un suo "secondo" (intervallo di tempo tra un tic ed un tac) dura *2.29 secondi*, se misurato da un orologio che si trova fermo sulla banchina.

Il paradosso dei gemelli

Dalle considerazioni dei paragrafi precedenti ed in particolare dall'effetto di dilatazione del tempo quando si viaggia a velocità paragonabili a quelle della luce, deriva il famoso esempio chiamato "il paradosso dei gemelli", che qui spieghiamo molto sinteticamente.

Innanzi tutto teniamo presente che ciò che capita all'orologio poco fa preso in considerazione capita naturalmente a *tutti* gli orologi presenti sul treno, compresi gli "orologi" biologici presenti nel corpo di un viaggiatore.

Pertanto, una prima deduzione è che non ci si può accorgere di alcuna differenza stando sul treno, se non si hanno altri riferimenti oltre all'ambiente in cui ci si trova (il treno stesso).

Ovvero, per chi viaggia sul treno il tempo sta trascorrendo normalmente: egli non si può accorgere del rallentamento del tempo causato dalla velocità, dato che anche colui che osserva è rallentato nelle proprie funzioni biologiche e cerebrali. Lo stesso avviene per qualsiasi strumento di misura che viaggia solidale con il treno: utilizzando tale strumento per misurare il tempo o lo spazio sul treno, non ci si può accorgere di alcuna differenza anche a velocità molto vicine a quella della luce.

Ciò detto, consideriamo due gemelli.

Uno di essi parte su un'astronave ed effettua un viaggio nello spazio, a velocità prossime a quelle della luce.

Il viaggio, per l'altro gemello che rimane sulla Terra, dura un certo lasso di tempo. Ad esempio 20 anni.

Alla fine del viaggio, per il gemello rimasto sulla Terra è passato molto tempo ed egli appare invecchiato, come è ovvio, di esattamente 20 anni.

Ma con grande stupore, quando si apre il portellone dell'astronave, vede il suo gemello palesemente molto più giovane di lui. Suo fratello, infatti, appare invecchiato, ad esempio, di solo un paio di anni.

Cosa è successo?

Grazie alle formule derivate fin qui, per noi è chiaro: viaggiando nell'astronave a velocità di poco inferiori a quelle della luce, il tempo per il gemello astronauta si è dilatato e quindi i suoi processi biologici, fra cui l'invecchiamento, sono trascorsi molto più lentamente rispetto al fratello rimasto sulla Terra.

Un concetto fondamentale da tenere presente è che il gemello viaggiatore non ha "guadagnato" neanche un secondo di vita in più rispetto al gemello rimasto sulla Terra. Semplicemente, fino al momento di atterrare sulla Terra ha compiuto un numero di azioni (mentali, fisiche, metaboliche, etc.) che possono essere svolte in un paio di anni di vita, mentre il fratello ha vissuto e quindi compiuto un numero di azioni corrispondenti a 20 anni di vita.

Ovvero, al gemello viaggiatore rimangono disponibili altri 18 anni di vita in più (che ancora non ha "consumato") rispetto al proprio fratello, ovviamente se l'aspettativa di vita di entrambi è esattamente la stessa. Ma ha anche vissuto molto meno fino a quel momento.

E se l'aspettativa di vita è la medesima, allora i due gemelli avranno vissuto, alla fine, esattamente lo stesso numero di anni, trascorsi però in modo *sfasato nel tempo* l'uno dall'altro, a causa dei viaggi spaziali a velocità di poco sub-luce che uno dei due avrà fatto.

Una misurazione reale che verifica la dilatazione del tempo

Ma questo stravolgente fenomeno della dilatazione del tempo è stato in qualche modo verificato sperimentalmente, o si tratta solo di una stravagante teoria?

In realtà, è stato effettivamente misurato in più di una tipologia di esperimenti.

Vediamo il caso dei muoni.

I muoni sono particelle che si muovono ad una velocità pari al *99%* della velocità della luce. Ovvero $v = 0.99\,c$.

Inoltre, essi hanno un tempo di dimezzamento pari a *1.5 µs* (microsecondi). Il ché vuol dire che ogni *1.5 µs* il loro numero (quantità) si divide per *2*.

In un esperimento sono stati presi in esame i muoni provenienti dal Sole.

Il flusso di muoni è stato misurati sulla cima di una montagna alta *2000* metri e poi al livello del mare.

A *2000* metri è stata misurata una quantità pari a *520* muoni al minuto, attraverso una determinata sezione.

Al livello del mare, attraverso la medesima sezione, sono stati misurati *290* muoni al minuto.

Essendo la differenza di altitudine tra i due luoghi di misurazione pari a *2000* metri, il tempo di transito fra le due quote stesse, per degli oggetti che viaggiano a *0.99 c*, è pari a circa *6.73 µs*, come si può calcolare semplicemente dividendo lo spazio da percorrere per la velocità.

Ma se il tempo di dimezzamento dei muoni è pari a *1.5 µs*, allora nei *6.73 µs* i muoni avrebbero dovuto avere il tempo di dimezzarsi più di *4 volte*. Ovvero si sarebbero dovuti misurare, al livello del mare, solo una *trentina* di muoni al minuto:

$$(((520 / 2) / 2) / 2) / 2 = circa\ 30\ al\ minuto.$$

Ma in realtà ne sono stati misurati ben *290* al minuto.

Il ché suggerisce che per i muoni il tempo è trascorso più lentamente, come afferma la Teoria della Relatività Speciale.

Non solo: applicando le formule della teoria di Einstein, si ritrova un dilatamento *calcolato* del tempo in ottimo accordo con quanto si rileva *sperimentalmente*.

Facendo i calcoli si trova infatti che per i muoni è come se fossero passati *0.94 µs*, non *6.73 µs*.

0.94 µs non corrispondono neanche a metà del tempo di dimezzamento ed infatti, sperimentalmente, al livello del mare si misurano *290* muoni al minuto, ovvero più della metà dei *520* muoni misurati a *2000* metri.

Cosa succede alla massa?

Abbiamo visto cosa capita allo scorrere del tempo ed allo spazio quando ci si muove a velocità così elevate da essere prossime a quella della luce.

Vediamo ora quali sono gli effetti relativistici sulla massa.

Tralasciando la dimostrazione, ecco la formula che si ottiene per la massa:

(7)
$$m = \frac{m'}{\sqrt{1 - \dfrac{v^2}{c^2}}}$$

essendo m la massa misurata rispetto al sistema di riferimento "in quiete" ed m' la massa del medesimo oggetto, misurata però nel sistema di riferimento in moto.

Pertanto, più la velocità v di un corpo di massa m' si avvicina alla velocità della luce c, più la misura m della massa dello stesso corpo risulta maggiore a m'. Infatti il denominatore della formula sopra scritta tende a 0.

Questo spiega anche perché un oggetto con massa non potrà mai raggiungere (e tantomeno superare) la velocità della luce: la sua massa diventerebbe infinita e quindi sarebbe necessaria una forza F infinita per accelerarlo fino a tale velocità, dato che vale la relazione:

$$F = m \; a$$

essendo *m* la massa dell'oggetto ed *a* l'accelerazione.

Per inciso, i fotoni della luce non hanno massa e quindi possono viaggiare senza contraddizioni alla velocità della luce.

Altra considerazione da fare è che quando si parla di velocità della luce, che come abbiamo visto è una costante universale, ma anche un limite universale sulla velocità, in realtà non si parla solo di luce visibile, ma dei fotoni in generale, quindi di tutte le radiazioni elettromagnetiche, come le onde radio, le microonde, i raggi gamma, etc.

Non solo: per velocità della luce si intende in realtà la velocità di qualsiasi particella *priva di massa*.

Il fotone è un esempio di "particella" priva di massa, ma un altro esempio (attualmente l'unico noto) è il gluone, che è la particella vettore della forza nucleare forte. Anch'esso ha massa nulla e viaggia teoricamente (non sperimentalmente perché non è mai stato osservato un gluone libero al di fuori delle particelle composte da quark) alla velocità *c*.

$E = m\,c^2$

Continuiamo adesso la nostra digressione sulle conseguenze della Teoria della Relatività Speciale.

Richiamando alla mente una nozione matematica, sappiamo che:

$$(1 + x)^n = 1 + n\ x + \ ...$$

Al posto dei puntini, dal punto di vista strettamente *matematico* ci sarebbero altri termini, di ordine via via inferiore, ma per le considerazioni *fisiche* che seguono sono termini trascurabili.

Utilizzando questo approccio all'interno della formula *(7)* del paragrafo precedente che qui riscriviamo così:

$$m = m' \left(1 - \frac{v^2}{c^2} \right)^{-1/2}$$

otteniamo:

$$m = m' \left(1 + \frac{v^2}{2c^2} + \ ... \right)$$

ed omettendo, per motivi di rilevanza fisica, i termini aggiuntivi sopra sottointesi con dei puntini, abbiamo:

$$m = m' + m'\frac{v^2}{2c^2}$$

infine, moltiplicando per c^2 *si ha*:

$$m\,c^2 = m'\,c^2 + m'\frac{v^2}{2}$$

La componente $m'\dfrac{v^2}{2}$ non è altro che l'*energia cinetica* posseduta dalla massa *m'* che procede a velocità *v*.

Quindi il secondo termine dell'equazione di sopra è una energia. Ma allora lo deve essere anche il primo termine, ovvero possiamo scrivere:

$$E = m'\,c^2 + m'\frac{v^2}{2}$$

dove *E* sta per "energia".

$m'\,c^2$ è anche definito come "Energia a riposo" (cioè a velocità zero).

Se consideriamo ora una massa veramente a riposo, possiamo omettere gli apici sulla massa *m* e l'energia cinetica diventa pari a zero. Ed è evidente come Einstein dedusse la sua famosa formula:

$$\boxed{E = m\,c^2}$$

per una qualsiasi entità fisica a riposo.

Questa è di gran lunga la formula fisica più famosa al mondo.

Ricapitolando...

Rileggendo in sequenza i punti principali di questa trattazione, che riassume in modo semplicistico, ma corretto, il lungo e rivoluzionario percorso fatto dal grande Albert Einstein, possiamo ora fare un "riassunto dei riassunti" della Teoria della Relatività Speciale, elencandone le 4 formule fondamentali:

$$t = \frac{t'}{\sqrt{1 - \dfrac{v^2}{c^2}}}$$

ovvero, il tempo t' di un sistema di riferimento (x', t') in moto rettilineo uniforme con velocità v rispetto ad un secondo sistema di riferimento (x, t), risulta essere *dilatato*, ovvero appare scorrere più lentamente, se misurato rispetto al secondo sistema di riferimento (x, t).

$$x = x' \sqrt{1 - \frac{v^2}{c^2}}$$

ovvero, lo spazio x' su un sistema di riferimento (x', t') in moto rettilineo uniforme con velocità v rispetto ad un secondo sistema di riferimento (x, t), risulta essere *contratto* se misurato rispetto al secondo sistema di riferimento (x, t).

$$m = \frac{m'}{\sqrt{1 - \dfrac{v^2}{c^2}}}$$

ovvero, una massa m' solidale con un sistema di riferimento (x', t') in moto rettilineo uniforme con velocità v rispetto ad un secondo sistema di riferimento (x, t), risulta essere *maggiore* se misurata rispetto al secondo sistema di riferimento (x, t).

Ed infine la famosissima formula:

$$E = m\,c^2$$

che ci dice che l'energia di un oggetto è strettamente correlata alla propria massa.

Dato il carattere di costante universale della velocità della luce c, possiamo affermare che la massa e l'energia sono equivalenti, sono la medesima cosa. E da qui appare anche chiaro che da una certa quantità di massa è ricavabile una incredibile quantità di energia.

La validità di questo primo grande contributo alla fisica teorica da parte di Albert Einstein, contributo chiamato "Teoria della Relatività Speciale" (o "Ristretta"), è stata confermata da una lunga serie di esperimenti scientifici.

Einstein diede un ulteriore importantissimo contributo alla scienza dieci anni più tardi, nel 1915, con un altro capolavoro: la "Teoria della Relatività Generale".

~

LA TEORIA DELLA RELATIVITÀ GENERALE

Ipotesi di base

Come abbiamo visto, la Teoria della Relatività Speciale ha come ipotesi alcune condizioni molto particolari, prima fra tutte l'assenza di accelerazione nei sistemi di riferimento considerati, che devono essere inerziali.

Ma cosa succede se consideriamo campi gravitazionali, masse e accelerazioni non nulle? Cosa capita cioè nel caso più generale, corrispondente al mondo reale?

La teoria che ne consegue, che prende in esame la situazione più completa e usuale nella realtà fisica nella quale viviamo, viene appunto chiamata Teoria della Relatività Generale.

Vediamo...

La gravitazione di Newton

Partiamo dalla teoria della gravitazione introdotta da Newton.

Secondo la tradizione, Newton si fece una domanda: *ma se gli oggetti, come ad esempio le mele, cadono, anche la Luna è in caduta verso la Terra?*

Newton capì che effettivamente anche la Luna doveva sottostare alla medesima legge, ma che qualcos'altro evidentemente controbilanciava tale caduta.

Da questa domanda e da tutte le successive considerazioni che fece il famoso scienziato inglese, nacquero le leggi di gravitazione di Newton, in grado di spiegare con ottima approssimazione il moto dei corpi fisici all'interno di un campo gravitazionale, compresi quelli celesti.

I moti dei pianeti, della Luna, delle comete, etc. non furono più avvolti dal mistero.

Prendiamo ora in esame una delle leggi fondamentali di Newton.

Newton ci dice che due masse m_1 e m_2, poste ad una distanza reciproca pari a r, si attraggono vicendevolmente con una forza F di intensità pari al prodotto delle masse, diviso per il quadrato della distanza delle masse stesse e moltiplicato per una costante G, detta costante gravitazionale di Newton.

Ovvero, in sintesi:

m_1 $\quad$ m_2

(1)
$$F = \frac{m_1 \, m_2}{r^2} \, G$$

E la costante G ha un preciso valore:

$$G = 6.67 * 10^{-11} \, N \, M^2 \, Kg^2$$

dove N è la costante di Newton, m sono metri e ovviamente Kg sono chilogrammi.

In questo modo la forza F è misurata nell'unità di misura chiamata "Newton".

Dalla *(1)* deriva ovviamente che la forza di attrazione cresce al crescere delle masse in gioco e diminuisce al crescere della distanza tra le masse stesse.

Consideriamo adesso noi stessi sulla superficie della Terra.

Sia m_1 la nostra massa e m_2 la massa della terra. Sia r il raggio della terra.

Se consideriamo in prima approssimazione che la terra abbia un raggio costante, ricaviamo la seguente semplificazione:

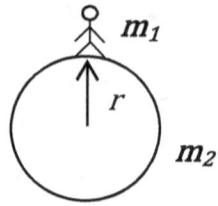

$$F = \frac{m_1 \, m_2}{r^2} \quad G = \quad g \, m_1$$

Avendo definito:

$$g = \frac{m_2}{r^2} \, G$$

accelerazione gravitazionale terrestre.
Approssimativamente, $g = 9.81$ m/s^2
Questo vuol dire che se io ho una massa pari a m_1, subisco una forza di attrazione da parte della Terra pari a:

$$F = \quad g m_1$$

Ovviamente non cado verso il centro della terra, semplicemente perché la struttura molecolare della superficie terrestre sulla quale mi trovo è in grado di contrastare tale forza. Ma sono comunque nel campo di azione della Terra e percepisco la relativa forza di attrazione gravitazionale.

Partendo da queste considerazioni di carattere newtoniano, il genio di Einstein fece progredire la fisica gravitazionale con un importante enunciato: il "Principio di Equivalenza".

Principio di equivalenza

Immaginiamo di essere in un ascensore che sta precipitando in caduta libera verso la Terra.

Tale ascensore, con noi dentro, è sottoposto all'attrazione gravitazionale $F = g\ m_1$, essendo m_1 pari alla nostra massa sommata alla massa dell'ascensore ed essendo g l'accelerazione impressa dalla gravità terrestre.

Dentro l'ascensore non percepisco alcuna forza di gravità e mi sento quindi senza peso. Infatti sono in caduta libera insieme all'ascensore e non ho altri punti di riferimento.

Se avessi una biglia in mano e la lasciassi cadere, in realtà essa rimarrebbe dove è, ovvero non la vedrei cadere verso il fondo dell'ascensore.

Infatti, anche la biglia era, prima di aprire le dita della mia mano, già in caduta libera insieme a me e l'ascensore.

Consideriamo adesso di essere nel medesimo ascensore, con la medesima biglia in mano, ma di non essere in caduta libera verso la superficie terrestre, bensì di essere nello spazio, lontano da qualunque altra massa.

Ebbene, nulla cambierebbe rispetto alla situazione precedente: non percepirei alcuna attrazione e la biglia non avrebbe nessun moto relativo rispetto a me e l'ascensore, se la lasciassi.

Dopo queste considerazioni, Einstein affermò che esiste una equivalenza fra queste due situazioni:

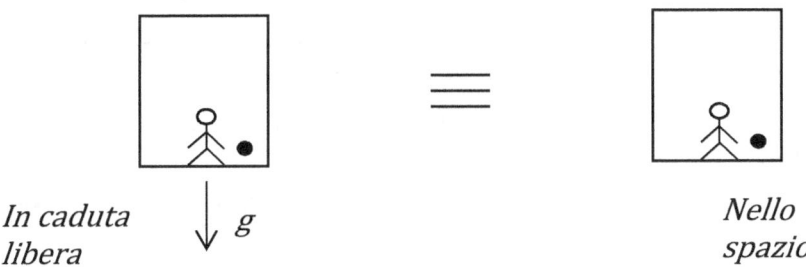

In caduta libera $\downarrow g$ Nello spazio

Ovvero una persona in un ascensore, in caduta libera, non percepisce peso, in modo del tutto equivalente a trovarsi nel medesimo ascensore posizionato nello spazio, lontano da altre masse.

Queste due situazioni ovviamente non sono identiche, ma sono *equivalenti* da un punto di vista fisico.

Ma Einstein aggiunse un'altra considerazione: se siamo nello stesso ascensore, ma questa volta esso poggia immobile sulla Terra, in modo tale da essere sottoposti e percepire l'attrazione gravitazionale della Terra g, allora questa situazione è equivalente a trovarsi in un ascensore spinto da un razzo con una accelerazione pari anch'essa a g:

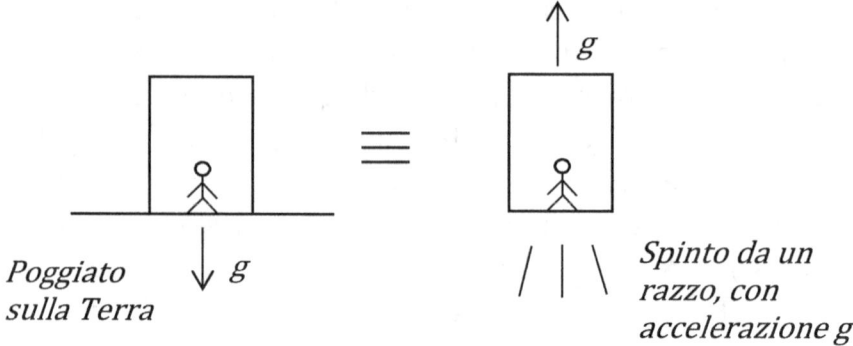

Poggiato sulla Terra ↓ *g*

Spinto da un razzo, con accelerazione g

Ed Einstein specificò: non esiste alcun esperimento, che si possa fare all'interno dell'ascensore, con esito diverso a seconda delle due situazioni.

I due stati fisici sono indistinguibili dall'interno dell'ascensore.

Consideriamo ad esempio questo semplice esperimento: nelle due situazioni (ascensore fermo sulla Terra e ascensore in accelerazione nello spazio) proviamo a lasciare cadere la biglia che abbiamo in mano.

Nel caso dell'ascensore poggiato sulla Terra, la biglia ovviamente cadrà con moto accelerato e toccherà il fondo dell'ascensore dopo un certo lasso di tempo, che definiamo t.

Consideriamo ora la situazione in cui l'ascensore è spinto dal razzo, con moto accelerato.

Lasciando la presa, la biglia toccherà il fondo dell'ascensore dopo lo stesso medesimo tempo t.

Infatti, nel momento in cui la abbiamo lasciata libera, la biglia aveva una certa velocità, che ha mantenuto per inerzia, ma noi e l'ascensore abbiamo continuato ad accelerare con accelerazione g.

Quindi dopo esattamente il tempo t il fondo dell'ascensore "raggiunge" la biglia:

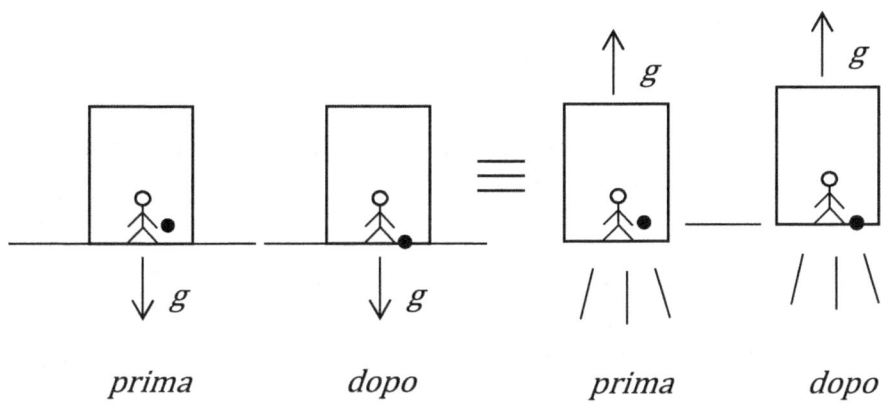

(nota: velocità della biglia al momento di lasciarla pari a zero, per semplicità di visualizzazione)

Per noi, all'interno dell'ascensore, non vi è modo di distinguere gli esiti dei due esperimenti: la biglia che abbiamo lasciato ci appare in entrambi i casi cadere con accelerazione g verso il fondo dell'ascensore e urtarlo dopo un tempo t.

Il principio di equivalenza sopra descritto naturalmente ha per ipotesi che il campo gravitazionale esercitato dalla Terra sia *costante* in ogni punto dello spazio occupato dall'ascensore e che quindi non vi sia differenza di attrazione, ad esempio, tra il livello in cui sono posizionati i nostri piedi e il livello in cui si trova la testa.

In realtà, se applichiamo la formula di Newton (1), vediamo che ciò non è rigorosamente vero: i nostri piedi si trovano ad una distanza r, dal centro di massa della Terra, *inferiore* alla distanza della nostra testa dallo stesso centro di massa.

Ovvero, la forza gravitazionale sui nostri piedi è leggermente superiore alla forza gravitazionale che agisce sulla nostra testa.

Quindi veniamo leggermente "allungati" dal campo gravitazionale terrestre.

L'effetto è impercettibile su noi stessi, ma quando la differenza nella distanza r è notevole, allora tale effetto è evidente.

Se ad esempio consideriamo gli oceani e l'effetto di attrazione della Luna, allora è evidente che l'acqua in prossimità dell'equatore è maggiormente attratta dalla Luna rispetto alla più distante acqua che si trova nei pressi dei poli:

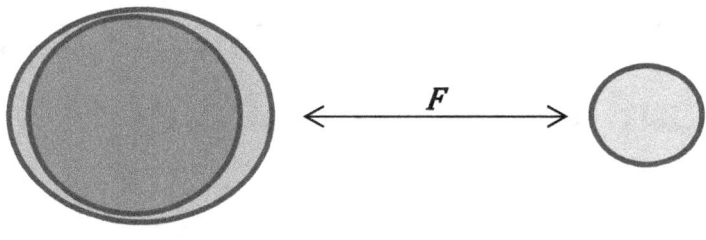

Terra   Luna

In generale questo effetto, derivante dalla variazione della forza di attrazione all'interno di un campo gravitazionale, viene indicato con il nome di "effetto di marea".

In ogni caso, il principio di equivalenza di Einstein è del tutto corretto, se postuliamo che il campo gravitazionale sia uniforme, o perlomeno *localmente* uniforme (nell'intorno del punto in cui avviene l'esperimento).

Il comportamento della luce in un campo gravitazionale

Consideriamo nuovamente il nostro ascensore, immaginandolo nella situazione in cui è spinto in moto accelerato da un razzo.

Da un punto A di una parete dell'ascensore viene emesso un impulso luminoso.

I fotoni di tale impulso viaggiano quindi verso la parete opposta mentre il razzo si muove di moto accelerato uniforme.

Come si vede nella figura sottostante, dato che i fotoni viaggiano in linea retta, ad un certo punto l'impulso si trova nel punto B, il quale ha una distanza dal fondo dell'ascensore inferiore rispetto ad A. Dopo un certo lasso di tempo ancora, i fotoni dell'impulso luminoso arrivano finalmente sulla parete opposta dell'ascensore, in un punto che definiamo C.

Come è ovvio, il punto C dista meno del punto B rispetto al fondo dell'ascensore.

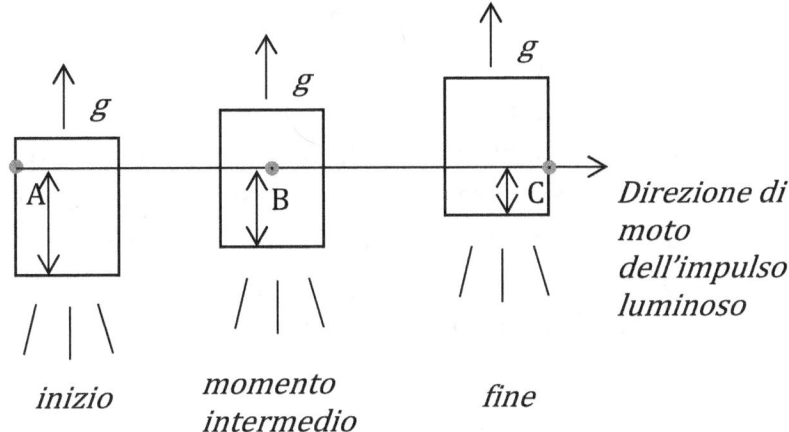

Direzione di moto dell'impulso luminoso

inizio   momento intermedio   fine

Lo stesso fenomeno, visto in un sistema di riferimento solidale con l'ascensore (ad esempio visto da noi che ci troviamo all'interno dell'ascensore) appare come se l'impulso luminoso avesse una traiettoria curva, che piega verso il fondo dell'ascensore prima di toccare la parete di arrivo:

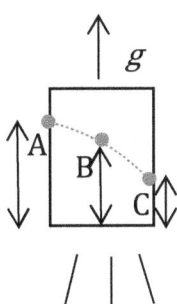

La traiettoria appare curva e non rettilinea perché il moto dell'ascensore è accelerato, ovvero non è a velocità costante.

A partire dal principio di equivalenza, Einstein dedusse a questo punto che se una persona vede un impulso luminoso percorrere una traiettoria curvilinea quando si trova all'interno di un ascensore spinto in moto accelerato da un razzo, allora vedrebbe esattamente lo stesso fenomeno se si trovasse in un ascensore fermo, ma sottoposto ad un campo gravitazionale con attrazione pari all'accelerazione del razzo:

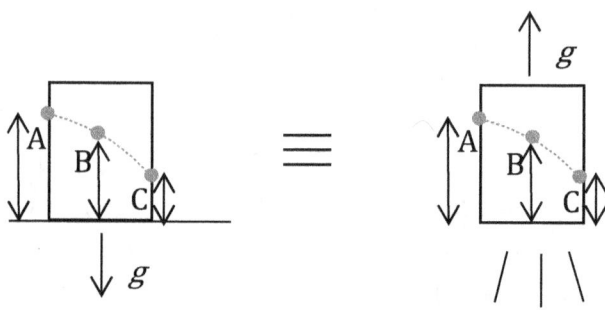

Quindi Einstein affermò che anche la luce, *seppure i fotoni siano privi di massa*, subisce una deviazione nel suo moto quando si trova in un campo gravitazionale.

Questo era un concetto *molto* rivoluzionario.

Verifica della curvatura della luce in un campo gravitazionale

Ma come verificare la correttezza della teoria della curvatura della luce in un campo gravitazionale?

Le grandezze in gioco per un esperimento sulla Terra (massa della terra, velocità della luce, distanze, etc.) non permettevano di verificare tale teoria con gli strumenti di misura del tempo.

Ma Einstein capì che se la sua teoria era corretta, allora durante una eclissi di sole si sarebbero viste, vicino al sole, alcune delle stelle la cui posizione reale sarebbe *dietro* al sole.

Avere il sole eclissato era necessario per evitare che la luce solare sovrastasse quella delle stelle vicino ad esso, rendendo impossibile la misurazione.

E così effettivamente si verificò: in concomitanza di una eclissi di sole si videro delle stelle la cui posizione reale era nota essere dietro il sole in quel determinato giorno dell'anno.

Di fatto l'immagine di ciascuna di quelle stelle veniva deflessa dalla massa del sole e la stella (realmente in posizione A, nella figura sottostante) veniva vista come se si trovasse in un punto visibile, non dietro il sole (posizione apparente B, nella figura sottostante):

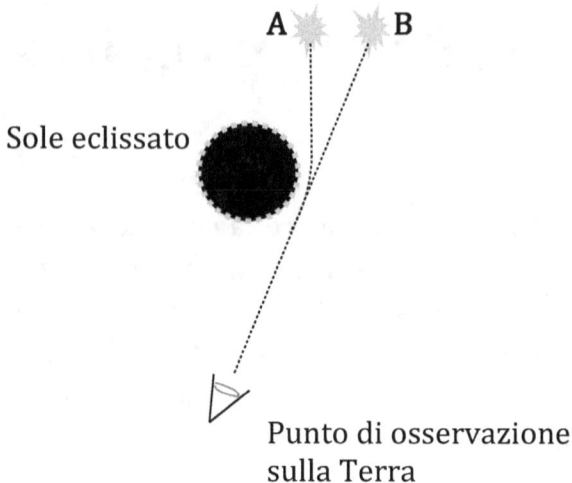

[Schema esemplificativo di ciò che fu effettivamente misurato dall'astrofisico Arthur Eddington, durante l'eclissi di sole del 1919]

Come cambia la velocità della luce in un campo gravitazionale?

La misurazione delle immagini delle stelle durante una eclissi di sole provò la correttezza dell'affermazione di Einstein che la *traiettoria* della luce in un campo gravitazionale subisce una curvatura.

Ma cosa succede alla velocità della luce in senso assoluto?

La velocità della luce è una costante universale e nel vuoto è pari a:

$$c = 3 * 10^8 \ m/s$$

E' dimostrabile e misurabile che la velocità della luce, in modulo, rimane costante anche in un campo gravitazionale.

Ciò che cambia è la sua traiettoria, che come visto subisce una curvatura, e la sua frequenza, ovvero subisce il cosiddetto effetto Doppler.

Consideriamo infatti, per semplicità, un impulso luminoso che si dirige verso il centro di massa di un corpo celeste:

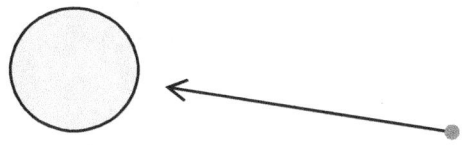

I fotoni dell'impulso luminoso non subiscono alcuna variazione nel valore della velocità, che rimane esattamente uguale a c.

Ciò che succede è che la frequenza, quindi il *colore* di tale luce, cambia: se la luce si avvicina al corpo celeste la sua frequenza aumenta e il colore tende al violetto (se parliamo di luce visibile).

Equivalentemente, se l'impulso si allontana, esso subisce uno spostamento del suo "spettro luminoso" verso il rosso.

Quindi, il *vettore* della velocità della luce in un campo gravitazionale viene deflesso (cambia direzione), ma non cambia valore (medesimo modulo).

La spiegazione di questo fenomeno ancora una volta risiede nel principio di equivalenza.

Consideriamo infatti nuovamente il nostro ascensore posizionato su un razzo con accelerazione g. E pensiamo di emettere un impulso luminoso dal soffitto dell'ascensore.

Ciò che si verifica, come si vede in figura, è che la lunghezza d'onda della luce emessa risulta più corta, se misurata nel sistema di riferimento solidale con l'ascensore:

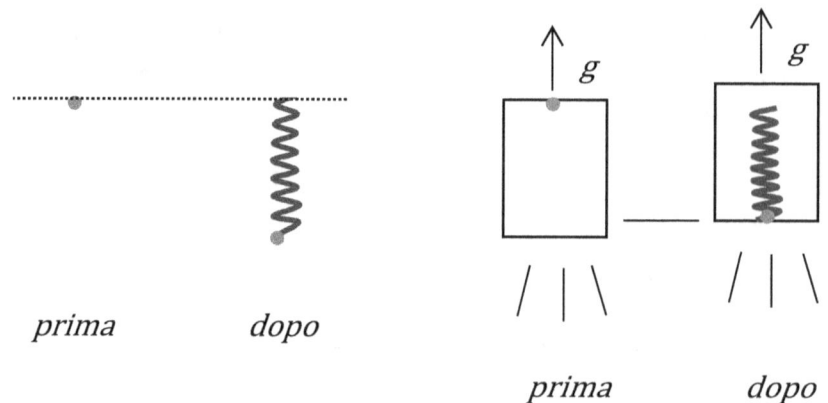

prima   dopo

prima   dopo

e quindi la sua frequenza risulta più elevata, dato che:

$$c = \lambda \, v$$

essendo λ la lunghezza d'onda e v la frequenza della luce.

Quindi la luce tende al violetto.

Analogamente, se emettiamo l'impulso luminoso dal fondo dell'ascensore verso il soffitto dello stesso, allora si verifica il fenomeno opposto e la lunghezza d'onda della luce subisce un allungamento.

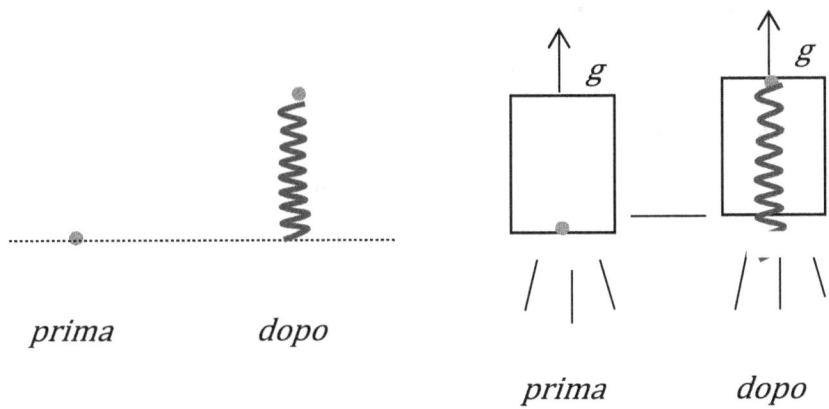

prima   *dopo*   *prima*   *dopo*

Pertanto la frequenza si riduce e la luce tende al rosso.

Adesso applichiamo il principio di equivalenza: consideriamo lo stesso ascensore fermo, poggiato sulla Terra, e sottoposto ad un campo gravitazionale con accelerazione g.

Anche in questo caso vedremmo lo stesso fenomeno e quindi, ad esempio, se viene emesso un impulso di luce dal soffitto vero il fondo dell'ascensore, la lunghezza d'onda sarà minore (e la frequenza maggiore) rispetto alla situazione di assenza di campo gravitazionale:

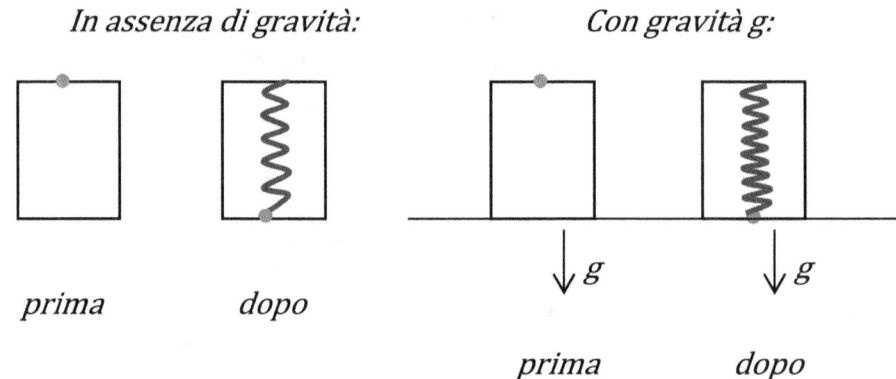

In assenza di gravità: *Con gravità g:*

prima   *dopo*

prima   *dopo*

La curvatura dello spazio-tempo

Consideriamo ora un sistema di coordinate cartesiane. In ordinata mettiamo il tempo, in ascissa lo spazio. Per semplicità consideriamo una sola dimensione di spazio (x):

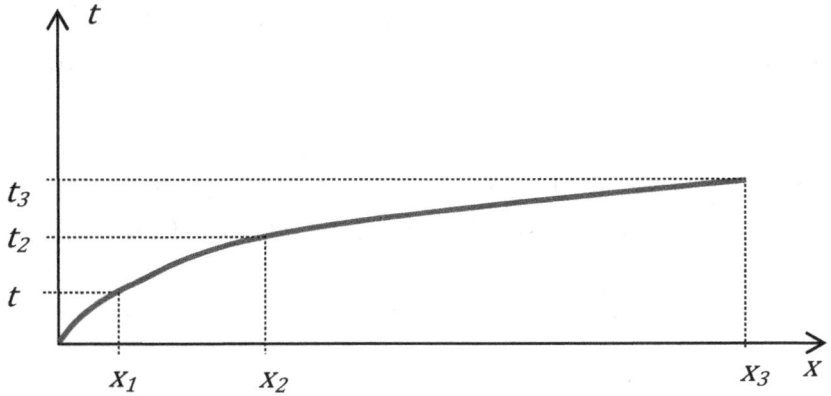

La curva sopra disegnata rappresenta il moto del nostro ascensore quando è posizionato su un razzo, in fase di accelerazione nella direzione x.

Infatti, dopo ogni intervallo di tempo uguale (t_1-0 = t_2-t_1 = t_3-t_2) gli intervalli di spostamento in x sono sempre maggiori. Proprio perché il moto non è lineare, ma accelerato.

Tale curva altro non è che il luogo dei punti dello spazio-tempo (con una sola dimensione di spazio e una di tempo) in cui si muove l'ascensore.

Riapplicando ancora una volta il principio di equivalenza, possiamo anche affermare che lo spazio-tempo, in presenza di un campo gravitazionale, subisce una deformazione (curvatura) del tipo rappresentato in figura.

Quindi se ci muoviamo vicino ad un campo gravitazionale, il nostro spazio-tempo locale risulta deformato e non ci spostiamo su una "superficie" piana, ma curva.

Ma *cosa* è responsabile del campo gravitazionale?

La massa. Più la massa di un oggetto è grande, più essa causerà una curvatura dello spazio-tempo.

Quindi si può affermare che **la massa**, grazie al relativo campo gravitazionale, **"dice" allo spazio-tempo come deformarsi e lo spazio-tempo "dice" alla massa** (ma anche agli oggetti privi di massa) **come muoversi**.

Questo è il senso ultimo della Teoria della Relatività Generale di Albert Einstein, ovviamente di gran lunga meglio riassunto dal sistema di equazioni dette complessivamente "Equazione di Campo di Einstein", che qui riportiamo soltanto, senza naturalmente darne la difficile dimostrazione fisico-matematica:

$$(2) \quad R_{\mu\nu} - \frac{1}{2} Rg_{\mu\nu} + \Lambda g_{\mu\nu} = \frac{8\,\pi\,G}{c^4} T_{\mu\nu}$$

Dove:

$R_{\mu\nu}$ = tensore curvatura

R = curvatura scalare

$g_{\mu\nu}$ = tensore metrico

Λ = costante cosmologica

G = costante di gravitazione universale

c = velocità della luce

$T_{\mu\nu}$ = tensore stress-energia

Considerazioni finali

Come lo stesso Einstein scrisse, la Teoria della Relatività Generale non deve essere vista come il superamento della teoria della gravitazione di Newton.

La formula *(1)* di Newton non viene sostituita dalla *(2)* di Einstein.

Prova ne è che ancora oggi le equazioni di Newton vengono comunemente utilizzate in moltissime applicazioni.

Persino il difficile calcolo delle traiettorie delle sonde spaziali che, partendo dalla Terra, devono raggiungere con grande precisione corpi celesti lontanissimi si basano sulla formula della gravitazione newtoniana.

La Teoria di Einstein *completa* il grande lavoro di Newton e permette di descrivere (e predire) i fenomeni di gravitazione in un modo ancor più preciso.

E soprattutto, considerando sia la Teoria della Relatività Speciale che Generale, il lavoro del più grande scienziato della storia umana ha aperto la strada verso una comprensione *profonda* dell'universo, di come esso si sia evoluto a partire dal Big Bang e di come evolverà nei prossimi miliardi di anni.